Sitzungsberichte
der Akademie der Wissenschaften
der DDR
Mathematik – Naturwissenschaften – Technik

4N

1979

Wilhelm Hinz/Joachim Wiegmann

Vitrokerame – Keramovitrone

AKADEMIE-VERLAG · BERLIN

Sitzungsberichte
der Akademie der Wissenschaften
der DDR
Mathematik — Naturwissenschaften — Technik

Jahrgang 1979 · Nr. 4/N

Wilhelm Hinz/Joachim Wiegmann

Vitrokerame – Keramovitrone

AKADEMIE-VERLAG · BERLIN
1979

Vorträge gehalten in der gemeinsamen Sitzung der Klassen Werkstofforschung und Chemie der Akademie der Wissenschaften der DDR am 6. April 1978

Herausgegeben im Auftrage des Präsidenten der Akademie der Wissenschaften der DDR von Vizepräsident Prof. Dr. Heinrich Scheel

Erschienen im Akademie-Verlag, 108 Berlin, Leipziger Str. 3—4

Lizenznummer: 202 · 100/185/79
Gesamtherstellung: VEB Druckhaus Köthen
Bestellnummer: 762 750 5 (2010/79/4/N) · LSV 3015
Printed in GDR
DDR 3,— M

Inhalt

Wilhelm Hinz

Der Werkstoff Vitrokeram — Überblick über Bildungsmechanismus, Typen und Anwendung

Bei den Stoffgruppen der „Vitrokerame" und „Keramovitrone" (s. folgender Beitrag) handelt es sich — wie aus der Namensgebung (vitrum = Glas und Keramik) [1] zu erkennen sein soll — um Stoffe, die sich aus einer glasigen (Matrix) und einer kristallinen Phase zusammensetzen. Beide Begriffe stehen jeweils nicht für einen einzigen Stoff, sondern für Stoffklassen, die auf Grund einer großen Zahl von Variationsmöglichkeiten eine sehr breite Palette von Stoffen mit verschiedenen Eigenschaften und Anwendungsmöglichkeiten aufweisen bzw. von der Entwicklung her zulassen. Die Differenzierung liegt in der Technologie und der damit in Zusammenhang stehenden Gefügebildung.

Im ersten Fall der Vitrokerame oder Glaskeramiken wird bei der Herstellung von einem Glas ausgegangen, das so beschaffen ist, daß es durch eine gesteuerte Kristallisation — d. h. durch eine spontane Kristallisation im gesamten Volumen — in einen polykristallinen Stoff mit einer Vielzahl sehr kleiner Kristallite umgewandelt werden kann. Da in diesem Fall — im Gegensatz zu den Keramovitronen — von einem dichten Glas als Ausgangsstoff ausgegangen wird, liegt nach der Kristallisation ein vollkommen dichtes Material ohne jegliche Poren vor. Die Kristallite bewegen sich in der Größenordnung um Mymeter bis Nanometer. Bei einigen transparenten Vitrokeramen hat man es mit Kristalliten unterhalb der Lichtwellenlänge zu tun.

Die kommerzielle Herstellung glaskeramischer Stoffe über eine gesteuerte Kristallisation, und damit über eine initiierte Keimbildung, erfolgte Ende der fünfziger Jahre erstmals von den Corning-Glas-Werken, USA [2]. Seinerzeit wurden zwei Typen vorgestellt, von denen sich die eine durch eine sehr geringe Wärmedehnung (um null) und damit durch eine hohe Temperaturwechselbeständigkeit, die andere durch eine rel. große mechanische Festigkeit auszeichnet. Es handelt sich um die in Tabelle 2 aufgeführten Vitrokeramtypen 1 und 2. Die seit diesem Zeitpunkt weltweit intensiv betriebene Forschung auf diesem Gebiet hat nicht nur eine Reihe neuer anorganisch nichtmetallischer Werkstoffe hervorgebracht, sondern hat auch bei verschiedenen Nachbardisziplinen zu einer verstärkten Forschung mit dem Ergebnis vielfältiger neuer Grundlagenerkenntnisse geführt, so auf dem Gebiete der Bruchmechanik, der Systemuntersuchungen heterogener Systeme, des Mechanismus der Vitrokerambildung (insbes. der homogenen und heterogenen Keimbildung und des Kristallwachstums), der Kristallmorphologie von Mikrokristalliten, der Strukturaufklärung, der Flüssig-flüssigentmischung und der Herausbildung neuer Meßmethoden. Dies dokumentiert sich in einer Fülle von Arbeiten, die in einigen Bibliografien eine Zusammenfassung erfahren haben (z. B. [3], [4]) sowie in ca. 1000 Patentanmeldungen.

Nach heute rund 20 Jahren Forschung und Entwicklung auf diesem Gebiet läßt sich mit einer gewissen Sicherheit abschätzen, wo echte Vorteile der nach diesem Prinzip hergestellten Stoffe zu sehen sind, aber auch wo die Grenzen der Entwicklung liegen. Dennoch sind gelegentliche Überraschungen nicht auszuschließen, die immer noch zu interessanten und bedeutsamen neuen Entwicklungen über die bereits bekannten hinaus führen können. Dies zeigen u. a. die erst kürzlich an Bedeutung gewonnenen Bio-Vitrokerame (s. Tab. 2 Typ Nr. 6), die als biokompatible Prothesematerialien auf dem speziellen Einsatzgebiet der Knochenprothetik neue Aspekte eröffnet haben [5] oder die sog. polychromatischen Gläser, bei denen die Farberzeugung auf dem Prinzip der gesteuerten Kristallisation beruht [6]. Im folgenden sollen einige grundlegende Ausführungen zum Mechanismus des Wirkprinzips der gesteuerten Kristallisation gemacht werden und hieran anschließend ein komprimierter Überblick über die sich im Laufe der Jahre als bedeutungsvoll herausgestellten Entwicklungslinien bzw. Typen von Vitrokeramwerkstoffen gegeben werden.

Zum Mechanismus der Vitrokerambildung

Ein ausführlicher zusammenfassender Bericht über den derzeitigen Erkenntnisstand auf dem Gebiet der initiierten Keimbildung und des Kristallwachstums und den Erkenntniszuwachs während der letzten 10 Jahre wurde vom Verfasser auf dem XI. int. Glaskongreß 1978 gegeben [7]. Hier sollen lediglich einige Grundzüge des Mechanismus dargestellt werden, um die Prinzipien der Vitrokeramherstellung und -entwicklung zu verdeutlichen.

Das Grundprinzip der gesteuerten Kristallisation, mithin der Vitrokerambildung, besteht darin, daß das in erster Linie durch Gießen oder Pressen geformte Glas bei einer nachträglichen Temperung nicht an der Oberfläche oder an einzelnen Stellen im Innern kristallisiert; statt dessen findet eine Polykristallisation im gesamten Volumen statt, d. h. es setzt eine spontane Kristallisation im Innern der unterkühlten Schmelze an unendlich vielen Punkten ein. Da das Glas hierfür normalerweise keine Voraussetzung mitbringt, muß die Keimbildung initiiert werden und der Kristallisationsprozeß durch geeignete Temperaturführung (Temperung) gesteuert werden.

Für die unterschiedlichen stofflichen Zusammensetzungen kommen hierfür verschiedene Möglichkeiten in Frage bzw. konnten im Laufe der Zeit verschiedene Mechanismen mehr oder weniger aufgeklärt werden. Durch das Fließschema (Abb. 1) ist vom Autor versucht worden darzustellen, welche Teilvorgänge der

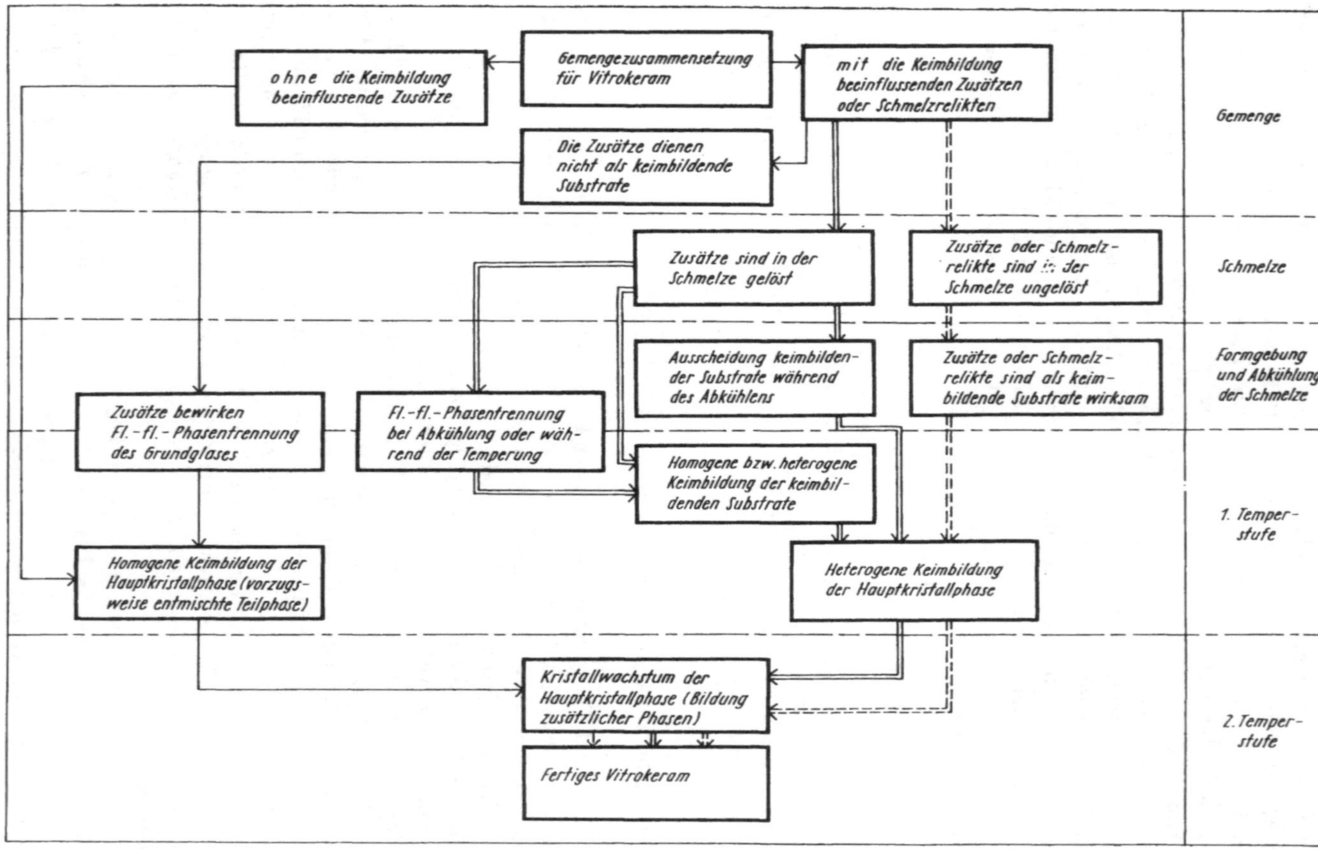

Abb. 1 Mechanismen der Vitrokeramherstellung

Keimbildung und Kristallisation in welchen Prozeßstufen der Vitrokerambildung — d. h. vom Augenblick der Gemengebereitung, über die Schmelzphase, die Abkühlung der Schmelze und die Wärmebehandlung bis hin zur fertigen Vitrokeramik — vor sich gehen. Die einzelnen Prozeßstufen sind am rechten Rand der Abbildung angegeben und ihre Korrespondenz zu den Teilmechanismen der Vitrokerambildung ist aus den strichlierten waagerechten Abgrenzungen ersichtlich. Die Darstellung soll — unter Verzicht auf Details — die grundsätzlichen Möglichkeiten der Keimbildungsmechanismen wiedergegeben, wobei — der Übersichtlichkeit wegen — weniger gebräuchliche Varianten nicht mit erfaßt wurden wie z. B. Keimbildung durch hohe Drücke, Strahlenbeeinflussung, Gasphasenreaktionen u. a. m.

An Hand des Schemas soll der Mechanismus zweier Gruppen von Vitrokeramen, die sich in der Praxis als kommerzielle Massenprodukte durchgesetzt haben, und die als zwei wichtige Grundtypen der Vitrokerambildung anzusehen sind, näher erläutert werden.

Die erste Gruppe (im Schema durch eine Doppellinie gekennzeichnet) ist dadurch charakterisiert, daß die keimbildende Substanz — ebenso wie die übrigen Gemengebestandteile — in der Schmelze zunächst gelöst vorliegt. Im Weiteren kann die Ausscheidung keimbildender Substrate je nach den Gegebenheiten einen unterschiedlichen Verlauf nehmen. So ist in bestimmten Fällen eine Ausscheidung der keimbildenden Substrate während des Abkühlens der Schmelze möglich. In anderen Fällen kommen die keimbildenden Substrate in der ersten Temperstufe, (d. h. Temperung bei einer Temperatur, die nahe bei der Transformationstemperatur des Glases liegt) zur Ausscheidung. Als Regelfall hat sich jedoch herausgestellt — hierauf wurde vom Verfasser erstmalig im Jahre 1961 aufmerksam gemacht [8] —, daß sich die keimbildenden Substrate über den Umweg der Flüssig-flüssig-phasentrennung der Schmelze bilden, wobei die Fl.-fl.-phasentrennung während der Abkühlung der Schmelze oder aber in der 1. Temperstufe vor sich gehen kann. Durch diesen Vorgang der Fl.-fl.-Phasentrennung wird die Ausscheidung einer Primärphase keimbildender Substrate mit überkritischen Teilchengrößen wesentlich begünstigt, da in den entmischten Phasen stöchiometrisch angenäherte oder Mischkristallzusammensetzungen vorliegen und dadurch eine homogene Keimbildung — hier im Sinne einer Keimbildung ohne Fremdteilcheneinflüsse — leichter vonstatten gehen kann. Die ausgeschiedene Primärphase dient im weiteren Verlauf des Keimbildungsvorganges als keimbildende Unterlage, d. h. es findet eine heterogene Keimbildung der Hauptkristallphase statt. Bei der Temperatur der maximalen Wachstumsgeschwindigkeit, die bei Vitrokeramen höher liegt als die Temperatur der maximalen Keimbildungsgeschwindigkeit — im Schema als zweite Temperstufe dargestellt — wachsen dann die Kristalle, bzw. verwachsen miteinander, womit der Prozeß der Vitrokerambildung abgeschlossen ist.

Als Beispiele für den dargelegten Reaktionsmechanismus können Vitrokerame aus dem System $Li_2O—Al_2O_3—SiO_2$ und $MgO—Al_2O_3—SiO_2$ genannt werden, die — wie oben erwähnt — zu den Prototypen der Vitrokeramentwicklung gehören. Für beide Systeme haben sich dabei TiO_2 und/oder ZrO_2 als primär sich ausscheidende keimbildende Unterlagen besonders bewährt.

Die Grenzen der im Schema diskret ausgewiesenen Stufen im Mechanismus der Vitrokerambildung werden dadurch etwas verwischt bzw. weichen von der idealisierten Darstellung insofern ab, als die Vorgänge der Flüssig-flüssig-phasentrennung und der Ausscheidung der Primärphase sowohl nacheinander als auch gleichzeitig vonstatten gehen können. In Abbildung 2 ist mit dem Höchstspan-

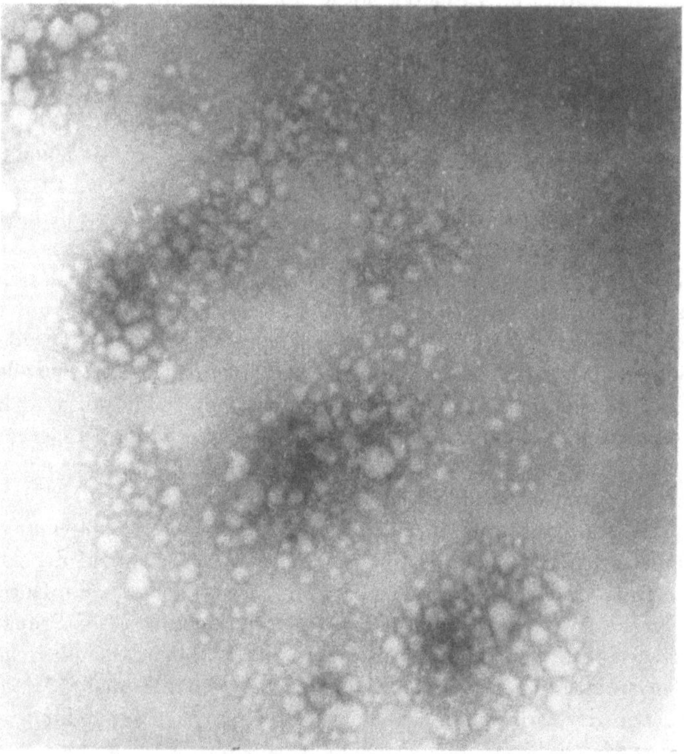

Abb. 2 Sphärolithisches Aufwachsen von β-Quarz-Mischkristallen auf Silizium-Unterlagen (Maßstab gleich 0,5 μm)

nungs-Elektronenmikroskop (mit freundlicher Unterstützung durch das Institut für Elektronenmikroskopie und Festkörperforschung) das Anfangsstadium einer Kristallisation indirekt durch eine Bläschenbildung [13] sichtbar gemacht worden, wobei durch Elektronen-Feinbereichsbeugung gezeigt werden konnte, daß in diesem Falle die Bläschenbildung an das Auftreten kristalliner Partikel gebunden ist. Die schwarmartige Anordnung der Bläschen, mithin der sich bildenden Kristallpartikel, läßt auf eine mit der Kristallisation einhergehende Entmischung schließen. Die Phasentrennung selbst kann ebenfalls über einen Keimbildungsvorgang im üblichen Sinne zustandekommen; im Regelfall hat man es bei der Vitrokerambildung jedoch mit solchen Zusammensetzungen zu tun, die in ein Gebiet spinodaler Entmischung eines Stoffsystems fallen, d. h. daß die Entmischung hierbei einen ohne Aktivierungsenergie ablaufenden Vorgang darstellt.

Die zweite am Schema zu erläuternde wichtige Gruppe der Vitrokerambildung (im Schema durch eine strichlierte Doppellinie gekennzeichnet) ist durch Sekundärbildung der Hauptkristallphase auf bereits in der Schmelze vorhandenen Substraten charakterisiert. Es folgt — wie im vorhergehenden Beispiel — die heterogene Keimbildung der Hauptkristallphase an den vorhandenen Fremdkeimen, und schließlich findet wiederum das Wachstum der Kristalle während des Temperns statt bis die Kristallisation abgeschlossen ist.

Ein wichtige Beispiel hierfür ist die Herstellung von Schmelzbasalt. In diesem Falle bilden in der Schmelze teilgelöste Partikel, d. h. Schmelzrelikte von Olivin oder Magnetit, die keimbildenden Unterlagen der aus Pyroxen bestehenden Hauptkristallphase [9]. Das Prinzip dieses Vorganges des Kristallwachstums an bereits vorliegenden Fremdkeimen ist in Abbildung 3 an fein verteilten Silizium-

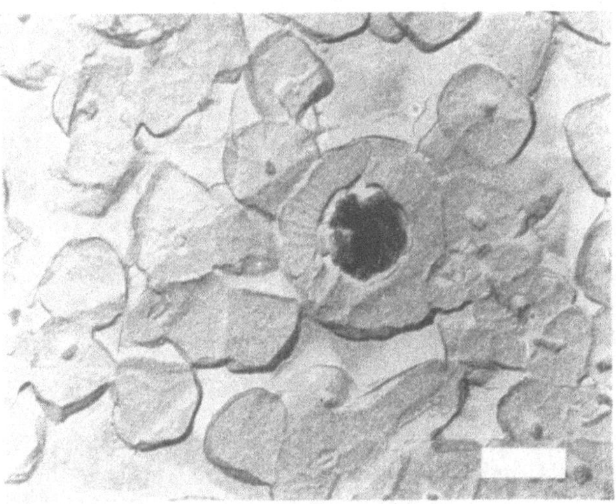

Abb. 3 Schwarmartige Kristallphasenbildung auf Grund von Flüssig-flüssig-entmischung (Vergr. 70 000fach)

kristallen zu sehen, um die sich die Hauptkristallphase in sphärolithischer Form ausgebildet hat [10]. Im genannten Fall konnten den in die Schmelze hineingegebenen Si-Partikeln eine zusätzliche Bildung einer Vielzahl weiterer kleinster Partikeln über eine Gasphasenreaktion — Bildung von SiO und dessen Zerfall — wahrscheinlich gemacht werden.

Zur Theorie der Phasenbildung

Die klassische Theorie der Phasenbildung basiert auf der Thermodynamik, wobei auch Elemente aus der Kinetik, wie Sprunghäufigkeitsfaktoren, Mitverwendung finden. Wenngleich eine derartige Behandlung auch eine Reihe erkannter Schwächen aufweist und die Übertragung der an kompakten Materialien ermittelten Daten auf die Zustände im atomaren Bereich nur bedingt zulässig ist, stellt sie immer noch die praktikabelste Lösung dar, um bestimmte Phänomene hinlänglich deuten zu können. Dies betrifft auch die Wirksamkeit oder Nichtwirksamkeit der in der Schmelze bereits vorhandenen oder beim Tempern sich primär bildenden keimbildenden Unterlagen bezüglich einer Initiierung der Kristallkeimbildung der Hauptkristallphase. Geht man von der Gleichung für die Keimbildungsgeschwindigkeit I der heterogenen stationären Keimbildung aus

$$I^{het} = N\, \nu_0\, exp - (W^+\Phi + G_D)/kT$$

so drückt der Faktor Φ die durch die vorliegenden keimbildenden Unterlagen verringerte Keimbildungsarbeit W^+ gegenüber der homogenen Keimbildung aus; mithin ist der Faktor Φ, der Werte von 0 bis 1 annehmen kann, ein Maß für die Wirksamkeit der keimbildenden Unterlagen. Zu dem Wert Φ kann man über folgende Meßgrößen gelangen (s. Zusammenfassung in [11]):

– über den Kontaktwinkel ϑ zwischen keimbildender Phase und Unterlage

$$\Phi = \frac{(2 + \cos\vartheta)\,(1 - \cos\vartheta)^2}{4}$$

Es ist dies eine der gebräuchlichsten Methoden.

– über die Adhäsionsenergie β

$$\Phi = 1 - \frac{\beta}{2}\gamma$$

mit β Adhäsionsenergie und

γ spez. Grenzflächenenergie an der Grenze Kristall/Schmelze

– über die Induktionsperiode τ^{het} und τ im gleichen System

$$\Phi = \frac{1}{6}\left(\frac{\tau^{hom}}{\tau^{het}} - \frac{2}{3}\right)^{-1}$$

Unter Induktions- oder Verzögerungsperiode ist die im Anfang der Keimbildung auftretende Verzögerung der Keimbildungsgeschwindigkeit zu verstehen bevor sich ein stationärer Zustand einstellt, d. h. man hat es bei der homogenen als auch bei der heterogenen Keimbildung mit einer nicht stationären Keimbildung zu tun, wobei τ^{het} im allgemeinen größer ist als τ^{hom}. Daß solche Induktionsperioden auftreten, hängt einfach damit zusammen, daß Gläser quasi hochviskose Flüssigkeiten darstellen, für die derartige Erscheinungen charakteristisch sind. Vielfach ist die Wirksamkeit von Φ mit der Übereinstimmung der Gitterparameter von keimbildender Unterlage und aufwachsendem Keim in Verbindung gebracht worden. Es hat sich jedoch herausgestellt, daß weitere Einflußgrößen berücksichtigt werden müssen. Beispielsweise konnte für die Kristallisation in Gläsern durch

Gutzow [11] an Hand einer eingehenden theoretischen Analyse in guter Übereinstimmung mit experimentellen Daten gezeigt werden, daß die Wirksamkeit der keimbildenden Unterlagen unter sonst gleichen Bedingungen dem Quadrat der Differenz der thermischen Dehnung a von Grundglas und artfremder keimbildender Unterlage proportional ist gemäß

$$\Phi = 1 - \frac{\beta}{2} - q\alpha^2$$

wobei q in ein und demselben Glas als konstant anzusehen ist.

Für praktische Belange der Testung verschiedener keimbildender Stoffe auf ihre Wirksamkeit hat sich eine auf der DTA beruhende Methode nach Thakur und Thiagarajan [12] als aussagekräftig erwiesen. Während bei ausschließlicher Oberflächenkristallisation zwischen den Temperaturen Tm_1 und Tm_2 einer Grob- und einer Feinfraktion eines kristallisierenden Glases — auf Grund gleicher Aktivierungsenergien — kein Unterschied besteht, wirkt sich eine Volumenkristallisation in der Weise aus, daß — infolge stärkerer Erniedrigung der Aktivierungsenergie bei der Grobfraktion — eine Differenz ΔT zwischen Grob- und Feinfraktion auftritt; diese kann als Maß für die Keimbildnereffektivität herangezogen werden.

Der vorangegangene Gebrauch der Begriffe homogene bzw. heterogene Keimbildung wirft im Sinne der Theorie und Praxis insofern einige Fragen auf, als nach der Thermodynamik jede Keimbildung unter verringerter Keimbildungsenergie — wie sie in der Gleichung 1 durch den Faktor Φ zum Ausdruck kommt — als heterogene Keimbildung anzusprechen ist. Wie von Rauschenbach und Hinz [13] an der Bildung von Gasbläschen in Gläsern gezeigt werden konnte, kommen hierfür neben Fremdpartikeln im Glas auch die verschiedensten Inhomogenitäten wie Dichtefluktuation, Taschen, Spannungen, Entmischungströpfchen, Oberflächenrisse u. a. m. in Frage, wobei es mitunter schwierig und von der Güte des Instrumentariums abhängig ist, den Keimbildungsinitiator richtig oder überhaupt zu erfassen.

Da jedoch derartige Inhomogenitäten bei Vitrokerambildungen — im Vergleich zu vorhandenen Fremdkeimen oder Primärausscheidungen — von untergeordneter Wirkung sind, erscheint für praktische Belange der Vitrokeramausbildung der Begriff „heterogene Keimbildung" nur für den Fall sinnvoll, daß eine Vielzahl gleichmäßig verteilter Substrate in der unterkühlten Schmelze vorliegt. Sofern die Phasengrenzen eines entmischten Systems in gleicher Weise wirksam werden, sind auch diese hier mit einzubeziehen. Bisher ist nur eine geringe Zahl von Systemen gefunden worden, in denen in einem bestimmten Bereich auch ohne keimbildende Zusätze eine feinkristalline Volumenkristallisation erzielt worden ist. Hierzu zählen die Systeme:

$BaO-SiO_2$
Li_2O-SiO_2
$Li_2O-ZnO-SiO_2$
$Na_2O-CaO-SiO_2$

Tabelle 2 Zusammenstellung der bedeutsamsten Vitrokeramtypen

Nr.	Bezeichnung	System	Hauptkristallphase	Keimbildner	Spezielle Eigenschaften	Anwendungen
1	Vk min	$Li_2O-Al_2O_3-SiO_2$	Eucryptit-Silica O-Mk	TiO_2, ZrO_2	$Ak < 10 \cdot 10^{-7}\,K^{-1}$	Kochplatten, Astrospiegel, Wärmeaustauscher, Brandschutzgläser, Wirtschaftsgeschirr
2	Vk mech. fest	$MgO-Al_2O_3-SiO_2$	Spinell, Enstatit, Cordierit	TiO_2, ZrO_2, Si	$\sigma_{bB} > 100\,N/mm^2$ $\varrho \geqq 10^{13}\,\Omega\,cm\,K^{-1}$	Isolatoren, Substratmaterialien, gedruckte Schaltungen, (Wärmeaustauscher)
3	Schlacken-Vk (Sitalle)	$CaO-MgO-FeO-Al_2O_3-SiO_2$	Pyroxene (Augite) Spinell, Enstatit	Cr_2O_3, FeS + MnS, F	Verschleißfest. insbes. Abriebhärte	Verschleißkörper, z. B. Zyklonauskleidungen, Förderrinnen, Schurren, Fußbodenbelag usw.
4	Foto-Vk	Li_2O-SiO_2	Lithiumpoly- u. Lithiumdisilikat	Ag	partiell kristallisierbar und selektiv ätzbar	Bauelemente (z. B. pneumat. Schaltelemente), Raster, im Glas, inkorporierte Bilder, Schriften

Tabelle 2 Fortsetzung

Nr.	Bezeichnung		Hauptkristallphase	Keimbildner	Spezielle Eigenschaften	Anwendungen
5	Vk-bearbeitbar	$R_2O-RO-R_2O_3-SiO_2-F$ $R_2O = K_2O, Na_2O$ $R = MgO, BaO$ $R_2O_3 = Al_2O_3, Fe_2O_3$	Fluor-Phlogopit	(F)	spanabhebend bearbeitbar	Wissenschaftl. Gerätebau, Pumpenteile usw.
6	Bio-Vk	$CaO-P_2O_5-SiO_2$	Fluor-Apatit	(F)	biokompatibel	Prothesen
7	Kristallisierende Lötgläser	$PbO-ZnO-B_2O_3$	Blei-Zink-Borate	—	$\sigma_{bB} \approx$ bis 250 N/mm² tan δ 8,5...5,3 (10 kHz...1000 MHz)	Bauelemente, vakuumdichte Verkapselungen u. a.

In diesen Fällen wäre von homogener Keimbildung zu sprechen. Da jedoch bei den aufgeführten Systemen nicht mit Sicherheit Fl.-fl.-Entmischungen auszuschließen sind, und selbst bei nachgewiesenen Fl.-fl.-Entmischungen nicht immer zu klären ist, ob innerhalb der entmischten Phasen eine homogene Keimbildung – d. h. Keimbildung ohne Mitwirkung der Phasengrenzen – oder eine heterogene Keimbildung unter Mitwirkung der Phasengrenzen vorliegt, dürfte die Zuordnung zu „homogener" oder „heterogener" Keimbildung nicht für jeden Fall eindeutig zu treffen sein.

Für Vitrokerame verwendete Keimbildner

Im Laufe der Zeit sind eine große Zahl von Stoffen im Hinblick auf ihre Wirksamkeit der Keimbildungsbeeinflussung untersucht worden. Dabei hat sich eine gewisse Spezifität der keimbildenden Stoffe in Bezug auf bestimmte Systeme bzw. – enger gefaßt – Kristallphasen gezeigt. In Tabelle 1 sind die bisher in der Literatur für bestimmte Systeme als wirksam beschriebenen Keimbildnerzusätze zusammengestellt; in Klammern wurde dabei jeweils vermerkt, in wieviel unterschiedlichen Systemen eine spezifische Wirksamkeit festgestellt worden ist (eine Auflistung der einzelnen Systeme und die entsprechenden Literaturangaben finden sich in [4]).

Tabelle 1 Zusammenstellung von in der Literatur erwähnten Keimbildnern

Ag (7), Au (10), Ir (3), Pt (7), Re (2), Rh (2), Ru (2), Ru (2), Pd (4)
Cu (8), Th (1), Si (2), W (2)
Bi_2O_3 (1), CdO (1), Cr_2O_3 (6), $Cr_2O_3 + S''$ (1), Fe_2O_3 (3)
GeO_2 (1), CeO_2 (1), Mn_3O_4 (2), MoO_3 (9), Nb_2O_5 (3), NiO_2 (2)
Pb_2O_5 (10), SnO_2 (5), Ta_2O_5 (4), ZrO_2 (9), V_2O_5 (4), TiO_2 (10)
$BaWO_4$ (1)
MnS + FeS (1), ZnS + F' (1), CuS (1), NiS (1), MoS (1)
Na_2S (1)
CdS + CdSe (1)
FeS + (Fe, Ca) (1)
F' (28)

Die Ziffern hinter den Symbolen der keimbildenden Agenzien geben die Anzahl der Systeme an, für die eine Keimbildung in der Literatur beschrieben worden ist.

Von der relativ großen Zahl aufgefundener wirksamer Agenzien haben sich in der Praxis jedoch nur wenige eingeführt (Tab. 1, umrandete Symbole). Ebenso sind nur aus einigen wenigen Systemen kommerziell bedeutsame Stoffe hervorgegangen, wie sie in Tafel 2 überblicksweise zusammengestellt worden sind.

Die Mengen der notwendigen Keimbildnerzusätze können sehr unterschiedlich sein, was einerseits mit der Löslichkeit bzw. Übersättigung bei bestimmten Temperaturen in diesen Systemen, andererseits auch mit – z. T. durch die Zusätze ausgelösten — Fl.-fl.-Phasentrennungseffekten in Zusammenhang steht. So sind z. B. im System $Li_2O—Al_2O_3—SiO_2$ weniger als 5 M-% TiO_2 vonnöten, um einen wirksamen Effekt einer feinkristallinen Volumenkristallisation zu erzielen, während im System $MgO—Al_2O_3—SiO_2$ (unter oxidierenden Bedingungen) mehr als 10 M-% notwendig sind. Hingegen genügen im System $MgO—CaO—FeO—Al_2O_3—SiO_2$ bereits ca. 0,1 M-% Cr_2O_3, um einen gleichartigen Effekt zu erhalten.

Vitrokeramentwicklungen von technischem Interesse

Aus der großen Palette der Vitrokeramentwicklungen sind in Tafel 2 diejenigen Werkstoffe mit ihren Charakteristika zusammengestellt, die sich als Massenprodukte durchgesetzt haben.

Vitrokerame mit minimaler Wärmedehnung dürften bislang die breiteste Anwendung gefunden haben. Als unumgängliche Komponente hat sich hierfür Li_2O in zweckmäßigen Mengen von ca. 3 bis 6 M-% erwiesen, so daß sich Mischkristalle aus der Eucryptit-Silica O- bzw. aus der Spodumen-Silica K-Reihe bilden können. Als Keimbildner haben sich bevorzugt Mischungen von TiO_2 und ZrO_2 bewährt. Eine Besonderheit dieser Phasen ist ihre geringe Wärmedehnung, die sehr kleine Werte — um Null herum — annehmen kann, so daß hieraus Stoffe mit sehr hoher Temperaturwechselbeständigkeit resultieren. In Abhängigkeit von der Temperung (kleiner oder größer als etwa 900 °C) lassen sich klar durchsichtige oder opak weiße Materialien herstellen. Von den Anwendungen sind insbesondere Herdplatten und Haushaltsgeschirr zu nennen. Weiterhin sind — wegen der geringen thermischen Ausdehnung — besonders Astrospiegel aus diesem Material interessant geworden. Sie werden heute in Dimensionen bis zu 4 m Durchmesser hergestellt, wobei in derartigen Fällen sowohl die Kühlung als auch die Temperung mehrere Monate in Anspruch nimmt und nach bestimmten Programmen zu erfolgen hat. Wegen ihres gegenüber Glas erhöhten Schmelzpunktes und der mechanischen Festigkeit genügt die transparente Variante auch bestimmten an ein Brandschutzglas zu stellenden Anforderungen und zeichnet sich durch eine relativ lange Standzeit gegenüber Hitzeeinwirkung ($>$ 180 min) aus.

Mechanisch relativ feste Produkte lassen sich aus dem System $MgO—Al_2O_3—SiO_2$ herstellen, wobei die Zusammensetzungen auf die Kristallphasen Spinell oder Enstatit, für Stoffe geringer Wärmedehnung (ca. $20\ldots30 \cdot 10^{-7}K^{-1}$) auf Cordierit eingestellt werden. Als Keimbildner findet in diesem System bevorzugt TiO_2 Anwendung. Auf Grund seiner speziellen elektrischen Isolationseigenschaften findet diese Vk-Type als Substratmaterial in der Elektrotechnik Verwendung.

Vitrokerame mit hohen Verschleißfestigkeiten lassen sich — ähnlich wie aus reinen Ausgangsstoffen — auch über eine gesteuerte Kristallisation von bestimmten hierfür geeigneten Schlackengläsern (Schlacken-Vitrokerame) erhalten. So konnten als Ergebnis früherer Arbeiten [14] aus Rohkupferschlacken durch Zusatz von Cr_2O_3 als Keimbildner sehr feinkristalline Produkte mit augitischen Pyroxenen als Kristallphase entwickelt werden. Als Ergebnis neuerer Arbeiten [15] wurden Schlacken-Vitrokerame guter Verschleißfestigkeit auch unter Einsatz von hohen Anteilen Nickelschlacken und -filterstäuben erhalten, wobei die in geringen Mengen vorhandenen Begleitkomponenten (Cr_2O_3, FeS) günstigerweise gleichzeitig die Rolle des Keimbildners übernehmen. In der Sowjetunion hat sich ein aus Hochofenschlacken hergestelltes verschleißfestes Massenprodukt unter dem Namen „Sitall" eingeführt [17], das in Phasenzusammensetzung und Eigenschaften den aus Kupfer- und Nickelschlacken hergestellten Produkten sehr ähnlich ist. Das Hauptanwendungsgebiet liegt dort im Bauwesen, ansonsten kommen für Schlacken-Vitrokerame hoher Verschleißfestigkeit solche Anwendungsgebiete wie Auskleidung von Zyklonen, Beläge von abrasionsfesten Schurren, Förderrinnen und Fußböden, Auskleidung von Spülrinnen, von Mahlaggregaten u. a. m. in Frage.

Eine sehr interessante Variante der Vitrokerame hinsichtlich des Keimbildungsmechanismus und der Anwendungsmöglichkeiten stellen die Foto-Vitrokerame dar. Sie basieren auf Zusammensetzungen aus dem System Li_2O-SiO_2 mit Lihtiumpoly- und Lithiumdisilikat als Hauptkristallphasen. Keimbildend sind hier Silberionen im Zusammenwirken mit Cerionen. Bei partieller Bestrahlung mit UV- oder anderen kurzwelligen Strahlen und entsprechender Temperung kristallisieren die bestrahlten Partien und lassen sich mit Flußsäure selektiv herausätzen. Obwohl es eine Reihe sehr interessanter Anwendungen auf verschiedenen Gebieten gibt, stellt der kostenungünstige Li_2O-Gehalt ein Hindernis für eine Breitenanwendung dar.

Eine Stoffgruppe, die auch in der DDR eine gewisse Entwicklung erfahren hat, ist das bearbeitbare Vitrokeram. Die Kriställchen der Hauptkristallphase, Fluorphlogopit, haben plättchenförmige Ausbildung, worauf die gute Bearbeitbarkeit beruht, die ähnlich wie bei Metallen, spanabhebend erfolgen kann; dabei können sehr kleine Toleranzen eingehalten werden. Eine bedeutsame Anwendung dürfte u. a. im wissenschaftlichen Gerätebau liegen. Erwähnenswert sind hier eigene Entwicklungen, die von Industrieanfallstoffen ausgehen und auf Grund der günstigen Begleitstoffe zu einer spontanen feinkristallinen Volumenausscheidung bereits während der Abkühlung führen [16], [15], so daß hier eine thermische Nachbehandlung entfällt. Eine wichtige Funktion bei dieser Vitrokerambildung hat das Fluor zu erfüllen, indem es einmal eine Phasentrennung bewirkt und zum anderen einen Bestandteil der Hauptkristallphase bildet. Als Primärphase tritt Norbergit bzw. Humit auf.

Eine Entwicklung der letzten Jahre stellen die Bio-Vitrokerame dar. Ihre besondere Eigenschaft liegt in ihrer Gewebefreundlichkeit, die darauf beruht, daß die aus Fluorapatit bestehende mineralische Hauptphase eine der Knochensubstanz ähnliche Beschaffenheit hat. Die vielversprechenden Versuche befinden sich im Stadium der Tierexperimente [18]. Ähnlich wie im vorhergehenden Fall hat hier Fluor eine Doppelfunktion zu erfüllen.

Eine gewisse Sonderstellung nehmen kristallisierende Gläser für elektrotechnische und elektronische Zwecke ein, da sie zumeist in pulverförmigem Zustand zur Anwendung gelangen. Auch handelt es sich hier in erster Linie — im Gegensatz zum kompakten Glas— um dünne Schichten, bei denen eine von der Grenzfläche ausgehende Keimbildungsinitiierung ausreichend ist und somit keimbildende Zusätze nicht vonnöten sind. Eingebürgert haben sich insbesondere kristallisierende Lötgläser mit relativ niedrigen Ausfließtemperaturen (< 500 °C), z. B. auf Blei-Zink-Boratbasis, die zur vakuumdichten Verbindung der zur Verkapselung von Halbleiterbauelementen dienenden Al_2O_3-Halbschalen für Metall/Keramik-Durchführungen und für die Verbindung von Farbfernsehbildröhrenteilen Verwendung finden. Glaspulver mit auskristallisierender Bariumcelsian-Hauptphase werden für Dickschichtschaltungen eingesetzt.

Neben den in der Tafel aufgeführten mehr oder weniger kommerziell hergestellten Vitrokeramen gibt es zahlreiche Entwicklungen mit ebenfalls sehr interessanten Eigenschaften, so z. B.

- VK. mit Halbleitereigenschaften auf Basis von z. B. Bariumvanadat, Vanadiumtellurat, Vanadiumphosphat und Chalkogengläsern
- VK. mit lumineszierenden Eigenschaften auf Basis von z. B. Mn-dotierten Zinksilikatmischkristallen.
- VK. mit geringer Reibung auf Basis von Zusammensetzungen aus dem System $Li_2O-ZnO-SiO_2$
- VK. mit ferroelektrischen Eigenschaften auf Basis von Lithiumferrit, Bleiferrit, Bariumferrit u. a.
- VK. mit magnetischen Eigenschaften auf Basis von Bleiferrit oder Eisenborat
- VK. mit dielektrischen Eigenschaften auf Basis von $SrTiO_3$ u. a. m.

Zieht man das Resümee bezüglich der gegenwärtigen und zukünftigen Bedeutung der Vitrokerame, so läßt sich feststellen, daß sich mit dieser Stoffgruppe eine Reihe ganz spezieller Werkstoffeigenschaften realisieren läßt. Aus diesem Grunde haben sich bestimmte Vitrokeramtypen einen festen Platz unter den traditionellen Werkstoffen erobert. Darüber hinaus ist einzuschätzen, daß sich in der DDR besonders solche Vitrokeramtypen als Massenprodukte einführen werden, die sich aus Industrieanfallstoffen oder anderen verfügbaren Rohstoffen ökonomisch günstig herstellen lassen und dabei hohe Gebrauchswerteigenschaften für spezielle Einsatzgebiete aufweisen.

Literatur

[1] Hinz, W.: Vitrokeram, Silikattechn. 10 (1959) 122.

[2] Stookey, S. D.: Catalized Crystallization of Glass in Theory and Practice, Glastechn. Ber. 32k (1959) H.V., 1—8.

[3] Thakur, R. L., Sarkar, B. K. de, Basak, G. C.: Bibliographie on Glass-Ceramics (1961—1970), Centr. Glass & Res. Inst. Calcutta 1974.

[4] Studie „Vitrokeram — Herstellung, Eigenschaften, Anwendung, Zentralinst. f. anorg. Chemie 1977.

[5] Greenlee, jr. T. K. et al.: Glass-Ceramic Bone Implantat, J. Biomed. Mater. Res. 6 (1972) 235.

[6] Beall, G. H.: Mikrostruktur von Glaskeramiken und photosensiblen Gläsern, 1. Otto-Schott-Kolloquium, Jena 1978, Wiss. Zeitschr. der FSU Jena.

[7] Hinz, W.: Nucleation and Crystal Growth, in: J. Götz (Hrsg.): Glass '77 Bd. 1, Dum Techniky, Praha 1977, S. 215–246.

[8] Hinz, W., Kunth, P.-O.: Phasenbildung und Keimbildung bei der Herstellung von Vitrokeram, Glastechn. Ber. 34 (1961) 431.

[9] Voldan, J.: The Meeting and Crystallization of Basic Eruptiv Rocks, in: Advances in Glass Technology 382–396, Plenum Press, New York, USA (1962).

[10] Berger, G., Hinz, W.: Über die Kristallisationssteuerung von Gläsern mit Silizium-, Karbid- und Silizidzusätzen, Silikattechn. 28 (1977) 71.

[11] Gutzow, I.: Zur Aktivität der Keimbildner bei der initiierten Kristallisation glasbildender Schmelzen, Glastechn. Ber. 46 (1973) 219–226.

[12] Thakur, R. L. in: Freimann, S. W., Hench, L. L. (Hrsg.): Advances in Nucleation and Crystallization, Symp. of the Glass Div. of the Amer. Ceram. Soc. 1971.

[13] Rauschenbach, B., Hinz, W.: Mikrodefektuntersuchungen oberflächennaher Schichten des Glases mit einer Bläschenmethode, Glastechn. Ber. 51 (1978) 25–37.

[14] Hinz, W., Wihsmann, Fred-G.: Herstellung von Formkörpern aus Rohkupferschlacke durch gesteuerte Kristallisation, Silikattechn. 16 (1965) 110–113.

[15] Hinz, W., Berger, G.: Patent in Anmeldung.

[16] Reif, D., Greiner, R.: DDR-P. 111.886 v. 2. 5. 74.

[17] Pavluškin, N. M.: Grundlagen der Technologie der Sitalle, Moskau 1970.

[18] Köhler, St., Retemeyer, K., Joecks, L., Miething, M., Hinz, W., Berger, G.: Erste tierexperimentelle Ergebnisse mit Bio-Vitrokeramik-Implantaten, Zeitschr. f. Stomat. d. DDR, im Druck.

Joachim Wiegmann

Herstellung und Eigenschaften von Keramovitronwerkstoffen

Für Werkstoffe, die nach den Prinzipien der Keramiktechnologie aus feinteiligen Mischungen von Gläsern und kristallinen Komponenten durch Formgebung und nichtreaktives Sintern bei Temperaturen, die zumeist unter 1000 °C liegen, herzustellen sind, hat sich die Bezeichnung Keramovitrone eingeführt. Im Gefüge von Keramovitronen bildet das Glas die Matrix, in der die kristallinen Komponenten sowie, von der Herstellungstechnologie bedingt, geschlossene Poren dispergiert sind. Von der Art des Gefügeaufbaus her haben diese Werkstoffe enge Beziehungen zu den Vitrokeramiken sowie zu den herkömmlichen silikatkeramischen Werkstoffen. Von den Vitrokeramen, deren Herstellung und Eigenschaften im vorangehenden Bericht von W. Hinz behandelt wurden, unterscheiden sie sich durch die keramische Herstellungstechnologie sowie durch den damit zusammenhängenden Porenanteil im Gefüge. Der Unterschied zu den altbekannten silikatkeramischen Werkstoffen besteht vor allem in dem praktisch nichtreaktiven Sinterprozeß bei der Fertigung von Keramovitronen.

Der Herstellungsprozeß für Keramovitrone folgt, wie aus der Übersicht in Tabelle 1 erkennbar ist, den prinzipiellen Stufen der Keramiktechnologie. Die Ausgangskomponenten, Glas, kristalliner Bestandteil sowie in speziellen Fällen erforderliche Hilfsstoffe, werden, soweit nötig, zerkleinert und gleichzeitig im erforderlichen Mengenverhältnis gemischt. Wird als Methode der Versatzaufbereitung die Trockenmahlung angewandt, so ist als besonderer Aspekt ein Zusatz von Mahlstoffmitteln zu den eigentlichen Versatzkomponenten angezeigt, durch den der Energieaufwand für den Zerkleinerungsprozeß vermindert werden kann. Bei Anwendung der Naßmahlung als Aufbereitungsvariante ist zu berücksichtigen, daß die Ausgangskomponenten gegenüber dem Mahlmedium (vorzugsweise wird Wasser eingesetzt) beständig (unlöslich) sein müssen. Der erforderliche Grad der Zerkleinerung richtet sich nach der Zusammensetzung des Versatzes und den angestrebten Werkstoffeigenschaften. Für die Erzeugung dichter Werkstoffe liegt die benötigte Körnung zumeist bei Partikeldurchmessern unter 40 µm. Die Versatzaufbereitung kann mit den in der Keramik üblichen Aggregaten — überwiegend werden Trommelmühlen eingesetzt — durchgeführt werden.

Der Versatzaufbereitung schließt sich die Herstellung der formungsfähigen

Tabelle 1 Technologische Stufen bei der Herstellung von Keramovitronen

Stufe	Methode, Verfahren	Besonderheiten		Zielgröße
Versatz- aufbereitung	Brechen Trockenmahlung Naßmahlung	Mahlhilfsmittel Beständigkeit gegen Mahlmedium		Homogenes Gemisch mit benötigtem Kornaufbau (d $<$ 40 μm)
Aufbereitung der Form- gebungsmasse	Granulierung Sprühtrocknung Schlickerherstellung	Preßhilfsmittel Schlickerstabilisierung		Preßfähige Sekundärkörnung stabiler gießfähiger Schlicker
Formgebung	Trockenpressen Isostat. Pressen Formgießen Heißspritzen	Überformen	evtl. Roh- glasieren	Transportfähiger Rohartikel mit Maßtoleranzen
	Heißpressen	(T $<$ 800 °C)		Form, Maßtoleranzen, Werkstoffeigenschaften
Verdichtung und Veredlung	Sintern	Brennatmosphäre T = f (t) (T $<$ 1000 °C)		Form, Maßtoleranzen, Werkstoffeigenschaften

Masse an. Je nach dem anzuwendenden Formgebungsverfahren besteht sie in einer Granulierung oder Sprühtrocknung bzw. in der Herstellung eines entmischungsstabilen gießförmigen Schlickers. Soweit nötig können in dieser Stufe noch Preßhilfsmittel, z. B. Stearate bei der Granulierung oder Schlickerstabilisatoren, z. B. Zellulosederivate zugesetzt werden.

Durch die vielfältigen Möglichkeiten der keramischen Formgebung unterscheiden sich die Keramovitronwerkstoffe wesentlich und für die meisten Anwendungsfälle vorteilhaft von den sonst recht ähnlichen Vitrokeramen. Wenngleich gegenüber den herkömmlichen silikatkeramischen Werkstoffen die hochproduktiven plastischen Formgebungsverfahren bei Keramovitronen im allgemeinen nicht angewandt werden können, bleiben mit dem Gießen, dem Heißspritzen, dem Trockenpressen und dem sogenannten isostatischen Pressen noch gute Formgebungsmöglichkeiten, um sowohl großformatige Artikel, wie etwa Isolatoren, als auch kleinformatige Artikel, wie z. B. Schalterbauteile, mit komplizierter Gestalt herzustellen. Durch ein Überformen (sogenannte Weißbearbeitung) gelingt es auch bei isostatisch gepreßten Artikeln enge Maßtoleranzen einzuhalten.

Ist bis zur Formgebung der Herstellungsprozeß für Keramovitrone dem herkömmlicher Keramikwerkstoffe noch weitgehend analog, so ergeben sich beim Sintern wesentliche quantitative und qualitative Unterschiede. Während bei herkömmlichen silikatkeramischen Werkstoffen Sinter- und Verdichtungsprozesse erst durch chemische Reaktionen (von unterschiedlicher Art bei den einzelnen Werkstoffen), die zu partiellen Schmelzphasenbildungen führen, eingeleitet werden, weisen Keramovitrone eine weitgehend gleichartige Sinterkinetik auf, die wegen der Vermeidung nennenswerter Reaktionen zwischen den Komponenten, in erster Linie durch physikalische Prozesse bestimmt wird.

So nimmt in den Anfangsstadien einer isothermen Sinterung das Porenvolumen P eines Pulverpreßlings, der im gepreßten Zustand das Porenvolumen P_0 hatte, nach

$$\lg P/P_0 = -A \frac{\sigma}{\eta \cdot d} \cdot t$$

mit der Sinterdauer t ab (σ = Oberflächenspannung des Glases, η = Viskosität des Gesamtsystems, d = Durchmesser der Partikeln im Preßling). Die Sinterung vollzieht sich unter dem Einfluß der Oberflächenspannung der Glaskomponente durch Fließvorgänge, deren Geschwindigkeit durch die Viskosität η der Masse bestimmt wird. Die Viskosität ihrerseits ist eine Funktion der Viskosität der Glaskomponente bei der Sintertemperatur und des Volumenanteils der kristallinen Dispersphase in der Masse. Vom mittleren bis zum Endstadium der Sinterung, d. h. wenn das ursprünglich aus Partikeln bestehende Gefüge des Körpers bereits in das eines zusammenhängenden mit Poren behafteten Körpers übergegangen ist, läßt sich der fortschreitende Verdichtungsvorgang nach der Sintertheorie von MACKENZIE und SHUTTLEWORTH [1] beschreiben. Hiernach hängt die Abnahme des Porenvolumens ähnlich dem vorangegangenen Ausdruck von Oberflächenspannung und Viskosität ab. An die Stelle des ursprünglichen Partikeldurchmessers d tritt in den etwas komplizierteren Formeln von MACKENZIE und SHUTTLEWORTH dann der Porendurchmesser zu Beginn der Sinterung.

In Übereinstimmung mit den experimentellen Befunden folgt aus den erwähnten Beziehungen zur Sinterkinetik, daß sich die Sinterung von Keramovitronen in technisch üblichen Zeiten dann vollzieht, wenn bei der für Silikatgläser üblichen Oberflächenspannung von ca. 0,35 $N\,m^{-1}$ das Produkt $\eta \cdot d$ in der Größenordnung von $10^3\,J\,m^{-2}$ liegt. Das bedeutet, daß Keramovitronversätze, die etwa 40 Vol.-% kristalline Phase enthalten und durchschnittliche Partikelgrößen von 10 µm aufweisen, in einem Temperaturbereich zu sintern sind, in dem die Viskosität der Glaskomponente zwischen 10^7 und 10^8 Poise liegt. Eine solche Viskosität wird bei Silikatgläsern, je nach ihrer chemischen Zusammensetzung, zumeist im Temperaturbereich zwischen 600 und 1000 °C erreicht und in diesem Temperaturgebiet sind Keramovitrone demgemäß dichtzusintern.

Gegenüber den herkömmlichen silikatkeramischen Werkstoffen, deren Dichtsinterung üblicherweise zwischen 1200 und 1400 °C erfolgt, bedeutet dies eine deutliche Herabsetzung der erforderlichen Temperaturen. Das hat nicht nur eine merkliche Senkung des spezifischen Energieaufwandes für die Sinterung von Keramovitronen gegenüber vergleichbaren silikatkeramischen Werkstoffen zur Folge, sondern ermöglicht auch technisch günstigere Ofenkonstruktionen sowie verschwindend geringen Verschleiß an Feuerfestmaterial und Brennhilfsmitteln bei einer Produktion.

Der aus den kurzen Betrachtungen zur Sinterkinetik folgende Temperaturbereich von 600 bis 1000 °C für die Sinterung von Keramovitronen ist noch bezüglich zweier weiterer Punkte von Bedeutung.

– Ein technisch wichtiger Aspekt ist die Möglichkeit, Formgebung und Sinterung von Keramovitronen in einer Prozeßstufe, dem sogenannten Heißpressen, zu vereinigen. Da hierbei Heißpreßtemperaturen von weniger als 800 °C durchaus möglich sind, ist eine solche Technologie für bestimmte Anwendungsfälle vor allem deshalb interessant, weil, wie erprobt wurde, bei derartigen Temperaturen durchaus noch mit metallischen Formwerkstoffen (ähnlich denen die bei Preßformung von Gläsern eingesetzt werden) gearbeitet werden kann.
– Zum Anderen ist der Bereich der Sintertemperaturen für die Auswahl der kristallinen Komponenten von Bedeutung, die zur Herstellung von Keramovitronen herangezogen werden können.

Entsprechend dem eingangs erwähnten Charakteristikum „nichtreaktives Sintern" ergibt sich als wesentliches Auswahlkriterium, daß zwischen kristalliner und glasiger Komponente eines Keramovitronversatzes während der Sinterung keine nennenswerten chemischen Umsätze stattfinden sollen. Da glasige Silikate in dem erwähnten Viskositäts(Temperatur)-Bereich gegenüber kristallinen Körpern, die keinen ausgeprägt ionaren Aufbau haben, zumeist nur geringe Reaktionsgeschwindigkeiten zeigen, können alle derartigen Kristallphasen als Ausgangskomponenten für die Keramovitronherstellung in Betracht gezogen werden. Es sind dies eine Reihe von Oxiden und kristallinen Silikaten, können aber auch Metalle, Nitride oder Carbide sein.

Damit ergibt sich die Frage, welche Eigenschaften haben Keramovitronwerkstoffe. Wie aus dem bereits Erörterten hervorgeht, handelt es sich bei den Keramovitronen um Matrix-Dispersphase-Werkstoffe. Eine Reihe physikalischer Eigenschaften kann man, bei Kenntnis der entsprechenden Parameter für die Komponenten des Werkstoffes, aus diesen Parametern berechnen. Beispiele für diesbezügliche Beziehungen sind in Tabelle 2 aufgeführt. Von überwiegendem Einfluß auf die Werkstoffeigenschaften sind bei den meisten dieser Beziehungen die Eigenschaften der Matrixphase, d. h. der Glaskomponente. Wichtige Eigenschaften wie elektrische Leitfähigkeit, thermische Ausdehnung, dielektrische Verluste, und elastische Moduln sind bei Gläsern mit deren chemischer Zusammensetzung über beträchtliche Bereiche variabel. Für die Abhängigkeit solcher Eigenschaften von der chemischen Zusammensetzung sind eine Reihe von recht zuverlässigen

Tabelle 2 Beziehungen der physikalischen Eigenschaften der Gefügekomponenten zu den Werkstoffeigenschaften von Matrix-Dispersphase-Werkstoffen

Dichte	$\varrho = \Sigma \mathrm{v_i} \varrho_i$	
Leitfähigkeit (elektr., therm.)	$K = K_m \dfrac{1 + v_d \dfrac{1-a}{1+2a}}{1 - v_d \dfrac{1-a}{1+a}}; \; a = K_m/K_d$	
Dielektrizitätskonstante	$\varepsilon = \dfrac{v_m \varepsilon_m (2/3 + a) + v_d \varepsilon_d}{v_m (2/3 + a) + v_d}; \; a = \varepsilon_d / 3\varepsilon_m$	
Thermischer Ausdehnungskoeffizient	$\alpha = \dfrac{\Sigma K_i \alpha_i v_i}{\Sigma K_i v_i}$	
Elastische Moduln K = Kompressions M.	$K = K_m + \dfrac{v_d}{(K_d - K_m)^{-1} + 3v_m (3K_m + 4G_m)^{-1}}$	$v_m + v_d = 1$ $K_m < K_d$ $G_m < G_d$
G = Schub M.	$G = G_m + \dfrac{v_d}{(G_d - G_m)^{-1} + 1{,}2 v_m (K_m + 2G_m)(3K_m G_m + 4G_m^2)^{-1}}$	

Erläuterungen:

$V_{i,m,d}$ = Volumenanteile der Komponente i, m, d
Index i = Wert für die Komponente i
Index d = Wert für die Dispersphase
Index m = Wert für die Matrixphase

empirischen Beziehungen bekannt (vgl. z. B. die Zusammenstellung bei [2]). Desgleichen sind für die wichtigsten kristallinen Materialien entsprechende Eigenschaftswerte in Handbüchern zu finden. Auf dieser Basis kann man somit die für Keramovitronwerkstoffe zu erwartenden physikalischen Eigenschaftswerte bereits abschätzen oder, in Umkehrung des Verfahrens, für bestimmte Eigenschaftsforderungen (soweit sie noch im grundsätzlich realisierbaren Bereich liegen) geeignete Glas-Kristallphase-Kombinationen auswählen.

Anforderungen an die chemische Resistenz sind von Keramovitronwerkstoffen praktisch in allen Fällen zu erfüllen. Einerseits sind bezüglich der chemischen Resistenz die zumeist völlig ausreichenden Eigenschaften der Silikatglasmatrix wiederum dominierend, zum Anderen besteht jedoch bei Keramovitronen auch die Möglichkeit zur Oberflächenveredelung mit Glasuren.

Problematischer ist die Einschätzung des Festigkeitsverhaltens der Keramovitrone. Eine ausreichende Theorie zur Ableitung des Festigkeitsverhaltens gibt es hierfür bislang so wenig wie für die meisten anderen Werkstoffe. Es sei hier jedoch kurz auf eine aus vereinfachenden bruchmechanischen Ansätzen abgeleitete Hypothese [3] eingegangen, die sich bei der Entwicklung von Keramovitronen hinsichtlich der Optimierung der Festigkeit für die Varianten als recht fruchtbar erwiesen hat.

Nach dem Griffithschen Ansatz ist die Bruchspannung eines Werkstoffes durch

$$\sigma = L \sqrt{\frac{E \cdot \gamma}{c}}$$

gegeben, wenn E der E-Modul, γ die Brucharbeit, c eine kritische Rißlänge und L einen von der Rißgeometrie abhängigen Faktor bedeuten. Für die Glasmatrix-Kristallphase-Werkstoffe ist davon auszugehen, daß die Glasphase die bruchkritische Phase ist und deshalb die kritische Rißlänge c in der Glasphase zu suchen ist. Bei dieser Annahme ergibt sich eine Möglichkeit zur Einschränkung der kritischen Rißlänge durch Einlagerung hinreichend vieler Disperspartikeln, die die freie Weglänge im Matrixglase verkürzen. Der mittlere Abstand zwischen monodispersen Kugeln mit dem Radius R, die statistisch in einer Matrix verteilt sind (Volumenanteil der Kugeln v_d), ist:

$$d = \frac{4}{3} R (1 - v_d)/v_d.$$

Sobald $d < c$ ist, wird d die kritische Rißlänge darstellen. Damit wird die Festigkeit durch

$$\delta = L \cdot \sqrt{\frac{3 \cdot E \cdot \gamma \cdot v_d}{4 \cdot R \cdot (1 - v_d)}}$$

bestimmt. Unter der Annahme, daß γ nicht wesentlich durch die Partikelgröße beeinflußt wird, ergeben sich somit folgende Forderungen zur Erzielung möglichst hoher Festigkeiten

1. Maximalwert von E anstreben (vgl. Tab. 2)
   a) durch Wahl von Gläsern mit hohem E_m
   b) durch hohen v_d-Wert, da zumeist $E_d > E_m$
2. Möglichst hohen Anteil an Dispersphase anstreben
3. Möglichst geringe Partikelgrößen anstreben.

Aus der Betrachtung des Einflusses von Gefügespannungen zwischen Glasmatrix und Dispersphase auf die Festigkeit, bei denen davon ausgegangen wurde, daß die durch Gefügespannungen elastisch gespeicherte Energie zu einer entsprechenden Veminderung der Brucharbeit γ führen müßte, kommt als weitere Forderung hinzu

4. Minimierung von Gefügespannungen durch möglichst gute Anpassung der Ausdehnungswerte von Glasmatrix und Kristallphase.

Begrenzungen gegenüber diesen Forderungen ergeben sich in der Praxis durch folgende Gegebenheiten.

- Zur Erzielung eines dichten Gefüges bei nichtreaktivem Sintern, wie es hier zu betrachten ist, muß die eingebrachte Glasmenge mindestens ausreichen, um die Hohlräume in der Körnerpackung der Kristallphase auszufüllen. Je nach Kornform der Kristallphase sind hierzu mindestens 30 bis etwa 50% Glasphase im Werkstoff erforderlich.
- Dem Einsatz extrem kleiner Partikelgrößen gemäß Forderung 3. steht ein steigender Aufwand für die Aufbereitung der Rohstoffe gegenüber, der schließlich ökonomisch nicht mehr vertretbar ist.

Die Forderung 3. erwies sich nach neueren Untersuchungen jedoch auch aus anderen Gründen als übertrieben.

So zeigte sich, daß die effektive Brucharbeit nicht, wie in der Hypothese vorausgesetzt, annähernd konstant ist, sondern daß sie mit sinkender Partikelgröße der Dispersphase abnimmt. So gibt es, unter Berücksichtigung des Einflusses der Partikelgröße auf die Länge des kritischen Risses einerseits und auf die Brucharbeit andererseits, offenbar einen Bereich von hinsichtlich der Festigkeit optimalen Partikelgrößen. Diesen Bereich genauer zu erfassen wird Aufgabe weiterer Untersuchungen zur Festigkeitsverbesserung sein, bei denen auch folgende, auf eine Erhöhung der Brucharbeit gerichtete Ansätze zu verfolgen sind:

a) Verzweigung der Bruchfront an stabilen Mikrorissen;
b) Vergrößerung der energiedissipativen Prozesse vor einer durchlaufenden Rißspitze z. B. durch Mikroporosität.

Nach den verallgemeinerten Betrachtungen zur Herstellung und zu den Eigenschaften von Keramovitronwerkstoffen seien abschließend die Eigenschaften einiger Keramovitronvarianten aufgeführt, die vor allem für den Einsatz in der Elektroisolationstechnik entwickelt wurden. Mit ihrer Entwicklung wurden u. a. folgende Ziele verfolgt:

- Senkung der Sintertemperaturen gegenüber herkömmlichen Werkstoffen,

– Einsatz von Anfallstoffen (Sekundärrohstoffen), insbesondere von Glasbruch, der verbrauchs- bzw. produktionsbedingt auftritt,
– Einsparung von Importrohstoffen, die für bestimmte herkömmliche Werkstoffe benötigt werden.

Tabelle 3 zeigt die Werkstoffkennwerte eines Glas-Quarz-Keramovitrons mit porzellanähnlichen Eigenschaften in Gegenüberstellung zu den Normwerten für herkömmliches Elektroporzellan der Gruppe KER 114 nach TGL 7838.

Der Werkstoff wurde erzeugt aus etwa gleichen Teilen Abfallglas grüner Flaschen (Weinflaschen) und Quarzsand, der ebenfalls Anfallprodukt der Kaolinaufbereitung sein kann. Beim sogenannten Schnellbrand (Ofendurchlaufzeit 8 h) beträgt die Sintertemperatur ca. 850 °C. Die wichtigsten Kennwerte wie Biegefestigkeit und Durchschlagfestigkeit sind vergleichbar mit Elektroporzellan, das bei ca. 1350 °C gesintert wird. Eine interessante Besonderheit ist der hohe thermische Ausdehnungskoeffizient dieses Werkstoffes, der eine unmittelbare Armierung mit Eisenwerkstoffen bei Heißpreßformung gestatten würde. Die Heißpreßtemperaturen liegen bei ca. 750 °C. Diese Besonderheit verursacht zum anderen jedoch auch eine besondere Schwäche des Werkstoffes, nämlich seine relativ geringe Beständigkeit gegenüber schroffem Temperaturwechsel. Das Material ist als ausgesprochener Massenwerkstoff anzusprechen.

Entsprechende Kennwerte für Keramovitronvarianten, die ebenfalls Quarz als billige und reichlich verfügbare kristalline Komponente enthalten, zu deren Herstellung jedoch Glaskomponenten mit guten elektrischen Isolationseigenschaften einzusetzen sind, zeigt Tabelle 4. Diese Varianten können Steatit der Werkstoffgruppe KER 220 nach TGL 7838, zu dessen Herstellung Talk bzw. Speckstein importiert werden muß, vorteilhaft ersetzen. Wichtigste Forderungen sind — vergleichsweise zu Porzellan — erhöhte Festigkeit, geringere Verlustwinkel und Leitfähigkeit. Aufgeführt sind 2 Versionen von Glas-Quarz-Werkstoffen. Die erste (Versatz 1) enthält ein kristallisationsstabiles Alkali-Barium-Alumosilikatglas. Sie benötigt eine Sintertemperatur von 800 °C gegenüber 1380 °C von Steatit. Die zweite (Versatz 2), mit einer Sintertemperatur von 900 °C, enthält ein Barium-Aluminium-Silikatglas mit geringen Zusätzen, das so ausgewählt ist, daß es kurz oberhalb der Dichtsinterungstemperatur unter Ausscheidung von Bariumdisilikat kristallisiert. Neben den guten Isolationswerten, die die Forderungen von Steatit deutlich übersteigen, ist im letzteren Falle die trotz hohem thermischen Ausdehnungskoeffizienten erreichte Temperaturwechselbeständigkeit hervorzuheben. Sie geht auf die Ausscheidung des Bariumdisilikats zurück.

Schließlich sind in Tabelle 5 noch die Kennwerte eines Glas-Korund-Werkstoffes aufgeführt, der sich durch hohe Festigkeit und hervorragende Isolationseigenschaften auszeichnet und bei 900 °C dichtgesintert wird. Die Werte sind denen von sogenanntem Sondersteatit der Gruppe KER 221 nach TGL 7838 gegenübergestellt. Sondersteatite sind Werkstoffe für die Hochfrequenzisolationstechnik, die ebenfalls unter Verwendung von Talk und Speckstein hergestellt werden und zu deren Sinterung Temperaturen von etwa 1350 °C erforderlich sind.

Tabelle 3 Werkstoffkennwerte des Glas-Quarz-Werkstoffes (unter Verwendung von Grünglas)

Benennung	Einheit	Glas-Quarz Werkstoff	KER 114
Saugfähigkeit	—	0	0
Rohdichte	g/cm^3	2,45	2,3 bis 2,6
Druckfestigkeit unglasiert	kp/cm^2	6000	5500
Biegefestigkeit unglasiert	kp/cm^2	1220	800
Mittlerer linearer Ausdehnungskoeffizient zwischen 50 und 400 °C	in 10^6 1/K	13	4—8
Spezifische Wärme zwischen 20 und 100 °C	kcal/kgK	0,21	0,19 bis 0,21
Temperaturleitfähigkeit zwischen 20 und 100 °C	in 10^{-4} m^2/h	52	20 bis 40
Wärmeleitfähigkeit zwischen 20 und 100 °C	kcal/hmK	2,8	1,0 bis 2,2
Temperaturwechselbeständigkeit (TWB)	K	80	150
Dielektrizitätskonstante (rel.)	—	6—8	≈ 6
Dielektrischer Verlustfaktor bei 20 °C 10^6—10^7 Hz	in 10^{-3}	6	6 bis 12
Spezifischer Volumenwiderstand bei 20 °C	Ω cm	$2 \cdot 10^{11}$	10^{11} bis 10^{12}
Elektrische Durchschlagfestigkeit	kV/cm	> 300	300
Schlagbiegezähigkeit	$kp \cdot cm/cm^2$	2,7	2,2

Tabelle 4 Werkstoffkennwerte von steatitanalogen Glas-Quarz-Keramovitronen

Benennung	KER 220	Versatz 1	Versatz 2
Rohdichte ϱ_R [g · cm^{-3}]	2,6 . . . 2,8	2,41 . . . 2,52	2,8 . . . 2,9
Biegefestigkeit ungl. σ_{bB} [kp · cm^{-2}]	1200	1200 . . . 1400	1200 . . . 1500
Schlagbiegezähigkeit ungl. S_b [kp · cm · cm^{-2}]	3	3,1	3,8
Ak in 10^{-6} K^{-1} α_t 50–100 °C	6–8	9,2	9,2
50–200 °C		10,6	10,2
50–400 °C	(4–8,5)	12,8	11,5
Spez. Wärme C_m [kcal · kg^{-1} K^{-1}] 20–100 °C	0,19–0,22	–	0,16
Temperaturleitfähigkeit in 10^{-4} λm [m^2 h^{-1}]	35–40	–	44
T W B (mind.) Δt [K]	80	110	150
Elektr. Durchschlagfestigkeit E_d unglas. (mind.) bei 50 Hz [kV · cm^{-1}]	200	> 260	> 252
Dielektr. Verlustfaktor tg 20 °C, in 10^{-3} 10^6–10^7 Hz	1,5–2,5	0,95	0,84
Spez. Volumenwiderstand ϱ_v [Ω · cm] bei 200 °C	10^{10}–10^{11}	$10^{10,5}$	$10^{11,2}$–$10^{11,4}$
400 °C	10^7–10^9	$10^{9,2}$	$10^{8,7}$–$10^{8,8}$
500 °C	(10^5–10^6)	$10^{6,1}$	$10^{6,8}$–10^7

Tabelle 5 Werkstoffkennwerte eines Glas-Korund-Keramovitrons, hergestellt unter Verwendung von Ggl 420

Benennung	Einheit	Glas-Korund-Werkstoff	KER 221
Saugfähigkeit	—	—	—
Rohdichte	g/cm^3	3,05	2,6–2,8
Biegefestigkeit	kp/cm^2		1400
Stäbe unglasiert		2520	
Scheiben unglasiert		2840	
Schlagbiegezähigkeit unglasiert	$kp \cdot cm/cm^2$	5,7	3
Mittl. linearer Ausdehnungskoeffizient zwischen 20 und 400 °C	in 10^{-6} 1/K	7,56	7–9
Spezifische Wärme zwischen 20 und 100 °C	$kcal/kg \cdot K$	0,197	0,19–0,22
Temperaturleitfähigkeit zwischen 20 und 100 °C	in 10^{-4} m^2/h	43,5	39–40
Wärmeleitfähigkeit zwischen 20 und 100 °C	$kcal/h \cdot m \cdot K$	2,6	2,0–2,4
Temperaturwechselbeständigkeit (TWB)	K	140	110
Dielektrischer Verlustfaktor bei 20 °C, 10^6–10^7 Hz	in 10^{-3}	0,48	0,2–0,5
Spezifischer Volumenwiderstand	$\Omega \cdot cm$		
bei 200 °C		$> 10^{12}$	10^{11}–10^{12}
400 °C		$4 \cdot 10^{10}$	10^9–10^{10}
600 °C		$4 \cdot 10^8$	10^7–10^8
Durchschlagfestigkeit	kV/cm	> 300	300

Das Glas-Korund-Keramovitron enthält als Glaskomponente ein Erdalkalialumosilikatglas mit niedrigem B_2O_3-Gehalt, das als sogenanntes Backschüsselglas ein wohlbekannter Massenwerkstoff ist. Hinsichtlich der Festigkeit übertrifft das Glas-Korund-Keramovitron die Spitzenwerte, die bislang bei korundhaltigen silikatkeramischen Werkstoffen erzielt wurden.

Die hier vorgestellten Keramovitrone sind eine noch recht junge Gruppe silikatkeramischer Werkstoffe. Demgemäß sind die potentiellen Möglichkeiten bezüglich der Herstellungstechnologie, der Eigenschaften und der Anwendungsmöglichkeiten sicher noch nicht ausgeschöpft und die hier erörterten Prinzipien umreißen nur die Ausgangssituation für weitere Entwicklungen.

Literatur

[1] Mackenzie, J. K., Shuttleworth, R.: A Phenomenological theory of sintering, Proc. Phys. Soc. (London) 62—360 B (1949) S. 833—853.

[2] Scholze, H.: Glas — Natur, Struktur und Eigenschaften. Verl. Vieweg u. Sohn, Braunschweig 1965.

[3] Hasselman, D. P. H., Fulrath, R. M.: Mechanical properties of continous matrix, dispersed phase ceramic systems. Kap. 15 in: Ceramic microstructures. John Wiley & Sons. Inc. New York 1968.

Papier | Fördert gute Waldnutzung
FSC® C083411

Zeitfracht Medien GmbH
Ferdinand-Jühlke-Straße 7
99095 Erfurt, Deutschland
produktsicherheit@kolibri360.de